U0052461

迷你

水草造景×
生態瓶の
入門實例書

Contents

什麼是生態瓶？

所謂生態瓶，就是在不使用水槽＆打氣幫浦等專業用品的前提下，以瓶罐＆水草製作而成的水族缸。由於是用Bottle製作的Aquarium，所以被稱為Bottlium。是任何人都可以輕鬆製作觀賞的──迷你水族缸。

Part 2
動手打造各式各樣の
迷你水族館

容器大變身

上級者篇 *Teacher's* 造景技巧

造景樂無窮

上級者篇 *Teacher's* 造景技巧

稍加
裝飾吧！

Part 3
水草＆生物圖鑑

living room

將水草 & 魚
放在家人團聚的中心處

當全家人想放鬆休憩，闔家團圓的時刻，

一邊啜飲著茶，一邊凝視著美麗的水草與青鱂輕快游水的可愛姿態，

心情就會變得柔和 & 更加興致盎然地談天說地！

『淺口玻璃碗』→P.46

kitchen

以瓶瓶罐罐
替生活增添色彩

在烹飪空檔不經意瞥見的位置，
擺放一個生態瓶在小角落慰勞心靈吧！
如果是陳列餐具、調味料和廚房用品的架子，
即便是小小的生態瓶，也能構成吸睛亮點。
推薦擺放色彩溫暖＆鮮豔的作品。
『迷你玻璃密封罐』→P.41

dining room

在桌面擺放一個
療癒小物

不妨在木製大餐桌上，
擺放一個存在感十足的土鍋水草缸。
陶器特有的溫暖氛圍，
以及蔓延生長到水面上的新芽，
一定能夠療癒你的心靈。
只要以沉穩的色調進行製作，
就能打造出老少皆宜的作品。
『土鍋』→P.45

擺在窗邊，
水草也會更加絢爛奪目

雖然水草無法擺在日光直射處，
但在光線充足的窗邊，水草會看起來非常的朝氣蓬勃。
建議以熠熠生輝的水晶琉璃砂＆彩色水晶石來進行製作。
『香檳杯』→P.38

window

作為玄關的
迎賓擺飾

玄關是客人一進門就會注意到的空間。
試著將生態瓶擺在鞋櫃上方等位置，
藉此大幅提昇款待的氣氛。
除此之外，玄關也是家人的出入之處；
讓出門前的匆匆一瞥，
激發一整天的幹勁吧！

『四季——秋』→P.54

entrance

study room

以療癒小物
讓念書＆工作順利進行

在工作桌＆書桌附近擺放一個具有療癒效果的生態瓶。
疲憊之際，看見水中魚兒自在悠游的模樣，
還有水草那神清氣爽的色彩，
令人情不自禁地湧起了繼續加油的念頭。
只要使用「玻璃密封罐」等附有瓶蓋的容器，
就不用擔心水灑出來了！

『四季——夏』→P.53

bath
room

為洗臉台 & 浴室
增添幾分可愛

在泡澡的療癒時刻，生態瓶的布置將讓你達到更佳的放鬆效果。
五彩繽紛的造景讓充斥著單調用品的洗臉台 & 浴室頓時明亮起來。
而且距離汲水處近，也是方便換水的好所在。

『茶杯』→P.39　『五彩繽紛 & 時髦』→P.58

hobby
space

讓生態瓶在你的興趣中占有一席之地

沉浸於嗜好的時光中，
不妨嘗試讓生態瓶也參與其中吧！
試著拍下略費心思完成的作品，
享受過程中的樂趣。
若要將照片沖洗出來，
建議將生態瓶擺在氣氛佳的位置，
再為美麗的水草拍特寫照喔！
『書形花瓶』→P.48

shelves

置物架の裝飾重點

置物架是陳列書與各種雜貨的收納處。
不妨在置物架的最底層，
闊氣地擺上體積偏大的生態瓶作為裝飾吧！
深褐色的木材，
為水草勾勒出植物的溫暖韻味。
由於置物架往往光線昏暗，
若以植物燈照明不僅有助於水草生長，
還能兼具提昇氣氛的功用。
『西式庭園』→P.64

與雜貨共譜清涼感

以個性十足的水草
作出創新的壁飾

將生態瓶當成壁掛式花瓶,來增添涼爽氛圍＆可愛感吧!

由於牆壁無法以太大的生態瓶來裝飾,

因此適合像這種能欣賞到水草根根分明的姿態的小作品。

『試管』→P.40

8

餐桌墊搖身一變
成為時尚舞台

把生態瓶放在喜歡的布墊上，

讓布墊搖身一變成為舞台。

也可視作品的氛圍，

嘗試以手帕或午餐墊等配件來搭配。

除此之外，

布墊還有能夠吸收從缸內溢出的清水的優點。

『瓶中瓶』→P.42

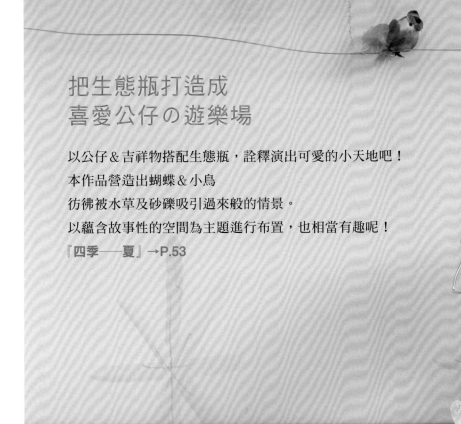

把生態瓶打造成
喜愛公仔の遊樂場

以公仔＆吉祥物搭配生態瓶，詮釋演出可愛的小天地吧！

本作品營造出蝴蝶＆小鳥

彷彿被水草及砂礫吸引過來般的情景。

以蘊含故事性的空間為主題進行布置，也相當有趣呢！

『四季——夏』→P.53

打上燈光，
將生態瓶輝映得加倍亮麗

光照不僅是水草成長的必備要素，
還能將玻璃瓶＆水草妝點得更加洗練美麗。
以個人喜好的植物燈光線，營造出生態瓶的空間感吧！

『四季──春』→P.52

為植物擺設處
增添新成員

水草屬於能夠簡單裝飾的「水中觀葉植物」，
與其和色彩強烈的花朵擺在一起裝飾，
搭配小型的觀葉植物＆迷你仙人掌會更合適。
嘗試讓生態瓶也成為心愛植物空間內的一員，
與插著綠色植物的小花瓶並排也很好看喔！

『大玻璃釀酒瓶』→P.50

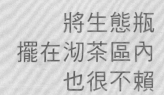

將生態瓶
擺在沏茶區內
也很不賴

沏茶區擺放著喝茶時會使用的砂糖、茶包、茶匙等雜貨。
若以茶壺＆茶杯來布置生態瓶，
就能創造出無違和感的出色空間。
建議作品採用簡單的設計即可。

『茶壺＆茶杯』→P.39

給「生態瓶」初學者の話

「該為這條魚起什麼名字好呢……」

從生態瓶製作完成的那天起，家中也增添了新成員。

令人內心不禁雀躍萬分地期待著：「怎麼還不到餵飼料的時間呢……」

這就是誕生於小小瓶罐之中的水族館——生態瓶。

生態瓶裡傾滿了你投入的心血。

鋪上精心挑選的砂礫、費心配置一顆顆的小石頭，

倒入清水時，脫口而出「真——美！」驚呼的感動，

在尚未掌握訣竅而陷入苦戰的過程中，一根根地栽種水草……

最後，再放入自己喜歡的魚兒。

「啊！在游了！在游了！」

生態瓶完成的那一刻，僅是個開端。

瓶內將會慢慢地蘊育出一顆超級迷你的小地球。

生態瓶的主角是水草。

水草不但可以淨水，還會產生氧氣。

所以請務必善待水草，這樣對自然生態＆魚兒都好。

來吧！立刻動手打造生態瓶，

創造專屬於你的療癒空間來愉悅身心吧！

水草作家　小哲老師（田畑哲生）

P_{art}1

迷你水族缸
「生態瓶」基礎篇

以高度約20cm左右的玻璃密封罐（保存容器），

開始進行基礎生態瓶的初挑戰吧！

只要按部就班動手作，任何人都可以輕易完成。

生態瓶是什麼？

生態瓶（Bottlium），
是由「Bottle（瓶罐）」＋「Aquarium（水族缸）」組合而成的名稱。
生態瓶捨棄正規的水槽＆用具，改以瓶罐進行製作，
是任何人皆能輕易樂在其中的水族館。

這就是
生態瓶！

能夠擺放在置物架＆桌上的
「小小水族館」

生態瓶是以玻璃密封罐等容器，搭配彩色底砂、水草
製作而成。生態瓶的魅力在於比一般水槽更加小巧簡
單，還能如花卉、觀葉植物和雜貨般當成裝飾品，擺
設在置物架或桌面上。生態瓶是私人專屬的水族館，
僅僅是凝視觀賞，便足以讓心靈獲得舒緩＆療癒。

以喜愛的瓶罐，
設計出千變萬化的造景♪

僅只是栽種數種水草
就很漂亮了！

以水草為主角！
同時兼具淨水的功能

水草在水槽內多半被當成配角，不過在生態瓶中，它就立刻搖身一變成為主角了！水草不但有預防生苔等水質污濁的效果，還會進行光合作用製造氧氣，形成適合魚、貝類棲息的生態環境。少了空氣幫浦&過濾器的小容器還能擁有水族館等級的享受，就是水草的功勞。

生態瓶就是小型的
生物棲地

在小小世界中
蘊含著生態系

生態瓶製作完成一段時間後，隨著水草逐漸適應環境，容器內的生態系也大功告成。魚兒呼吸著水草產生的氧氣，悠游穿梭於水草之間，水草利用魚兒吐出的二氧化碳進行光合作用，貝類&蝦則食用苔蘚來淨化水質；於是小容器內，形成了一幅生生不息的景致。

生態瓶的魅力在哪裡？

生態瓶的魅力，就是任何人都可以在不太花錢的情況下簡單製作。

而且製作完畢後，還能享受到裝飾＆養殖的雙重樂趣。

讓生活周遭融入綠意及生物，也是一大優點。

製作方法簡單！
不需要特殊的材料＆用具

生態瓶的製作材料，除了用來作底床的水草黑土等部分以外，其餘材料皆可在均一價商品店、各大賣場等隨處可見的店鋪輕易購得。製作過程看似容易，其中卻大有學問；即便每個人都按照相同步驟製作，作出來的作品都不盡相同，這也是製作生態瓶的趣味所在。生態瓶會因為天時、地利、人和，呈現出截然不同的風貌。

思索水草＆石頭
該如何擺設也是種樂趣！

每週
換水1次

隔日餵食

照顧容易！
換水＆餵蝦‧輕鬆搞定

若製作過程很簡單卻不易維護，養殖頓時就會變成一件苦差事。不過生態瓶不僅容易製作，就連維護方法都非常簡單。隔日餵食＆每週換水一次只需50秒，之後只要偶爾清掃容器內部及照顧日益生長的水草就OK了！

將生態瓶裝飾成流行的雜貨吧！

以美麗的裝飾安撫心靈
也極具療癒效果

飄揚的水草纏繞著小氣泡，在水中更顯綠意盎然。魚兒在水草之間來回悠游，貝類不安份地動來動去……生態瓶真是百看不厭！一旦生態瓶出現在生活周遭，任誰都無法抵擋它的魅力，疲憊的心靈在瞬間就被療癒了！

五花八門的造景方式
箇中樂趣令人久玩不膩

只要將生態瓶擺在明亮的場所，並遵守簡單的維護規則，你就可以在接下來的一年半載中長久地享受到其中的樂趣。在這段期間內，魚兒會成長，水草的形狀＆顏色也逐漸產生變化。從點滴的改變獲得樂趣，正是生態瓶的獨特魅力。請務必滿懷愛心地持續培育著你的生態瓶喔！

可供長期觀察的變化過程，就是生態瓶的魅力！

使用の材料＆用具

生態瓶必備的材料＆用具都是能夠輕鬆購得的用品。
水草和水草黑土等用品，可以在大賣場的水族用品專區或水族專賣店等處購買。

材料

①水
製作生態瓶時使用的自來水，必須先裝在寶特瓶裡打開瓶蓋放置2至3天，這樣才能去除水中的次氯酸鈣。

②水草
是生態瓶的主角。建議根據使用的瓶裝容器大小，準備約5種（5根）水草。挑選時以水草葉無枯萎損傷，外觀生氣蓬勃者為佳。

③生物
雖然水草是主角，但建議還是搭配一條魚和一個貝類。只要好好照顧牠們，就能與水草共生，讓生態瓶更長壽。

④水草黑土
能使水草生氣蓬勃地生根而必備的水槽用土，在大賣場＆水族專賣店皆有販售。

⑤彩砂
所謂彩砂，是由天然石頭與一種叫沸石的礦物染色製作而成的砂礫。購買時要挑選水槽專用的。此外，天然色彩的魚缸砂石也別有風味，以碎玻璃製作的透明琉璃砂則會在水中閃閃發光。

⑥石頭
多準備幾顆形狀、顏色和大小各異的石頭吧！石頭可以用來劃分區域＆製造立體感。

瓶裝容器

瓶裝容器（Bottle）就是生態瓶Bottlium英文名稱的由來，使用手邊現有的素材即可。建議初學者以有蓋的玻璃密封罐（保鮮容器）來製作。

製作用具

① 水草鑷子
水草專用鑷子是必備的用具,建議長、短各備一把。水草鑷子是用來挪動水草以外的砂石&配置石頭等工作時使用。

② 茶匙&湯匙
用來舀起水草黑土&彩砂的用具。只要握柄夠長能觸及瓶底,使用起來就會相當方便,也可以用來撈起生物。

③ 剪刀
主要用於修剪水草的長度。雖然可以使用家中常用的剪刀,但還是建議準備一把生態瓶專用的吧!

④ 過濾棉片
在容器中加水時,可將過濾棉片鋪在細砂或砂石上,如此一來倒水時就不會弄髒水。除了過濾水槽專用的棉片之外,使用手工藝專用的棉片亦可。

⑤ 托盤
在製作生態瓶&換水時,將托盤墊在容器下就不用怕會弄髒桌子。如果有2至3個托盤,準備水草時也可以派上用場。

⑥ 漏斗
加水至容器中時使用,可避免水灑出來。

⑦ 噴霧器
鋪設好彩砂&裝飾砂石後,在注水前先以噴霧器全面噴濕。另外,在製作生態瓶的過程中,若水草貌似乾燥也可以使用噴霧器來澆水。噴霧器內的水,也建議擱置1天以上再使用。

維護用具

① 科技海綿
科技海綿是種清潔用品,能夠用來清潔容器內側的髒污,相當地方便。

② 鑷子
用來夾住海綿清潔容器,或夾出散落的水草、變動小石頭等擺設。

③ 水&寶特瓶
準備500㎖的寶特瓶來裝水吧!打開瓶蓋擱置1天後,就可以使用去除次氯酸鈣的清水來換水囉!

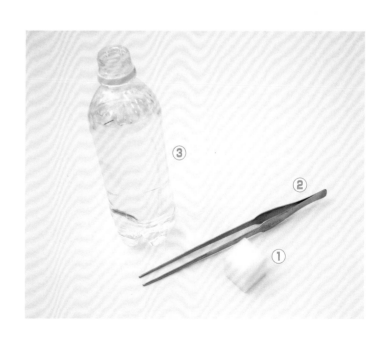

基本生態瓶の製作方法

使用玻璃密封罐，是生態瓶的基本作法。

密封的容器便於攜帶，適合初學者。

試著運用喜愛顏色的彩砂等，將生態瓶點綴得五彩繽紛吧！

這就是
生態瓶！

魚

水草

貝類

小石頭

彩砂

水草黑土

材料	用具
·水草（各1根） 　四輪水蘊草、水羅 　蘭、綠菊花草、青葉 　草・Rosanervis、 　血心蘭 ·水草黑土 ·彩砂 ·石頭 ·生物（各1隻） 　白雲山、蝸牛（貝類）	·玻璃密封罐 　（高17cm×直徑12cm） ·水草鑷子 ·托盤 ·湯匙 ·剪刀 ·噴霧瓶 ·過濾棉片 ·漏斗 ·寶特瓶 　（裝盛放置2至3天的清水）

1 放入水草黑土

以湯匙舀起水草黑土，加至容器底部約
5mm的高度。

2 加入彩砂

以湯匙舀起自己喜歡的彩砂放入瓶內，
分層堆疊後就很可愛喔！

5cm

水草黑土上需要疊上約5cm高的彩砂，水
草才不會鬆動。

3 挑選裝飾的石頭

挑選石頭。若是小石頭就挑選5顆左右放
在彩砂上。建議挑選色調和外型可構成
視覺重點的石頭。

4 配置石頭

決定好擺設位置後，以手指將石頭輕壓
至彩砂中。

水草栽種處

以粉紅色為視覺重點。

在較顯眼的前側擺上2顆粉紅色石頭當作
視覺重點，其餘3顆石頭則用來區分水草
栽種的區域。

5 噴水

Point!

由於彩砂重量很輕，必須事先噴濕，加水時才不會浮起來。以噴霧瓶將彩砂徹底噴濕吧！

把放置1天以上，去除次氯酸鈣的水放入噴霧瓶中，將彩砂徹底噴濕。

6 鋪上過濾棉片

將過濾棉片裁剪成符合容器的大小。

將過濾棉片放在彩砂上，慢慢地鋪平，不要動到石頭。

7 注入清水

將漏斗擺在容器上，以便倒水在過濾棉片上。倒入事先放置2至3天已去除次氯酸鈣的清水。

緩緩地將水加滿至容器邊緣處。

8 取出過濾棉片

以鑷子慢慢將過濾棉片夾出，在容器上方擰乾。

9 修剪水草

Before

After

將水草擺在容器旁邊確認長度。決定修剪位置時，記得也要加上埋在彩砂內約3cm的長度。

確認好長度後，就以剪刀修剪。不太熟悉栽種水草者，長度稍微剪短點會比較好養。

迷你水族缸「生態瓶」基礎篇

水草の修剪方法

Close up!

水羅蘭
先修剪掉兩側大片的水草葉，稍微留點葉梗，這樣栽種時就順手多了！

綠菊花草
由於莖節多，修剪時要避開水草葉，將莖修剪成能夠插入彩砂的形狀。

青葉草・Rosanervis
與水羅蘭的處理方式相同，修剪掉兩側的水草葉，稍微留下一點葉梗即可。

血心蘭
與水羅蘭的處理方式相同，修剪掉兩側的水草葉，稍微留下一點葉梗即可。

10 拿起水草

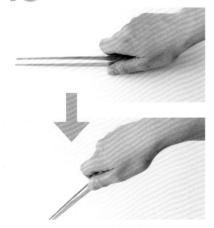

握住鑷子上方，以此手勢來使用鑷子。

以鑷子尖端夾住水草莖的前端。

Close up!

以手調整前端的莖，使之與鑷子平行。

23

11 栽種水草

以步驟 10 手勢，將鑷子尖端連同水草一鼓作氣地直插入容器底部，然後再一鼓作氣地抽出鑷子。

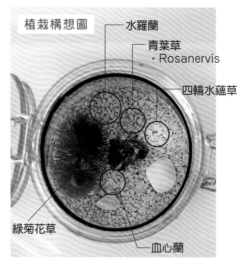

植栽構想圖
— 水羅蘭
— 青葉草
  · Rosanervis
— 四輪水蘊草
綠菊花草 —
— 血心蘭

審視側面、後面和上面，決定好水草配置的位置之後，再分別栽種。

12 加水至滿溢出來

將事先擺放2至3天，去除次氯酸鈣的清水緩緩倒入容器中，直到水滿溢出來。

Point!

當清水滿溢出來時，栽種水草時鬆動的水草黑土和砂石也會一併流出容器外。

13 放入魚＆貝類

以湯匙舀起白雲山＆蝸牛，輕輕地放入容器內。

大功告成！

稍加
裝飾吧！

基本の生態瓶

嘗試擺放
細枝。

在最後加入小細枝，容器內的世界
觀就更加出類拔萃了！若是使用戶
外撿回的細枝，請先待細枝徹底乾
燥＆洗淨後再使用。

運用魚缸砂石
提昇氣氛。

光是在最後稍微鋪上顏色不同的魚
缸砂石＆色調沉穩的小物，就能提
昇氣氛。此作品呈現的是秋天般的
恬靜氣息。

以大石頭作為
視覺重點。

圓形天然石能夠醞釀出溫和的自然風
情，是相當推薦的素材。於瓶內擺放一
顆大石頭，更能勾勒出作品的整體感。

基本の擺設方法

生態瓶完成後，就立刻拿來布置吧！
你可以隨喜好將生態瓶放在房間當成室內擺飾，
但請記得避開陽光直射處喔！

每天擺放在明亮處 8小時以上

生態瓶的主角是水草。水草要沐浴在光線下，才能進行光合作用；生態瓶必須擺在能清楚閱讀書籍＆報紙的光照之下，每日持續8小時以上。若無法打造自然光環境，也可以利用照明設備的光線。

嚴禁日光直射！ 也要留意水溫

請儘量避免日光直射生態瓶。尤其是夏天時，日光會使容器內的水溫急速上升，導致瓶內生物死亡。有蓋的生態瓶很容易蓄熱，必須特別注意。生態瓶一經日光直射後，在短期間內就會滿佈苔蘚。

NG!

Point!

即使擺在房間內，
也要確認好明亮度！

就算是乍看明亮的房間，也不代表生態瓶可以擺在陰暗處。請自行檢查好生態瓶擺放位置的明亮度，試著擺放一週，若水草顯得無精打采時，最好換個位置。

NG!

若擺在置物架上，有時附近的物品會在該處形成陰影。

使用照明設備，
讓水草加倍閃耀動人

生態瓶和水槽一樣，可在上方利用照明設備來美化外觀，讓容器內的水草看起來更加熠熠生輝。可以使用檯燈等簡單的器材，或專用的LED燈及螢光燈等設備，盡情欣賞打上燈光的生態瓶。若擺放生態瓶的位置，光照時間低於8小時，也可利用照明設備來補強。

以手電筒照射時，
距離要稍微遠一點

使用手電筒等光線強烈的照明工具時，要稍微離生態瓶遠一點。因為燈泡很可能就像直射的日光，會使水溫上升。

Point!

照光量可能是導致水草溶解的原因？

若發生「明明已經換水了，水草還是長不好」或「水草溶解」等情況，也許就是因為照光量不足。健康的水草會進行光合作用而顯得綠意盎然，但若失去活力則會開始偏白色。遇到這種狀況時，建議換個場所，以確保水草的照明時間及吸收的照光量。

拔掉溶解的水草吧！如果水草的顏色不佳，建議使用水草專用營養劑。

Column

將生態瓶裝飾在各處

　　別只是把生態瓶擺在自己房間,不妨試著擺在公司&活動現場等不同的場合作為裝飾吧!

　　放入小魚&蝸牛的生態瓶,光是觀賞就令人樂趣無窮。生態瓶也很受小朋友的歡迎喔!若有大人從旁協助栽種水草,3至4歲的小朋友也能動手製作。在幼稚園等場所擺上一瓶,就能觀賞到小魚的模樣&水草的成長,達到親子同樂的效果。擺在安養院也很適合喔!

　　使用五彩繽紛的彩砂所製作的可愛生態瓶,也很適合擺在婚禮&派對現場。由於可使用各種容器製作,可以一次使用多個香檳杯(→P.38),或利用大玻璃釀酒瓶(→P.51)打造出引人注目的生態瓶,當成接待處或新人桌席間的擺飾也非常棒呢!

以生態瓶
點綴派對!

以生態瓶來妝點聖誕派對。生態瓶可以搭配聖誕老人&麋鹿的氣球裝飾,或在大型容器內,將水草栽種成聖誕樹的模樣&以照明設備烘托出水草的華麗感。

協助　Sunshinecity

水草の基本維護

你必須悉心維護水草＆生物，它們才能活得長久又健康。
一旦學會後，維護工作其實相當容易。
只要確實遵守養殖方法，接下來的數年間你都可以享受到養殖水草的樂趣喔！

例行性の維護

每週換水一次

一半

前一天就以500ml的寶特瓶裝好半瓶清水,打開瓶蓋靜置,去除次氯酸鈣。第二天換水時,將生態瓶擺在托盤上,由上方緩緩地倒水。只要在前一天就把裝好水的寶特瓶擺在生態瓶旁,寶特瓶內的水溫就會和生態瓶相同,這樣就不會刺激到瓶中生物。為避免忘記換水,最好固定於每星期的特定一天(如星期日)進行。

小魚逃走了!

偶爾在換水時,魚會順著溢出來的水流出容器外,托盤就是為了這種時候而存在的。當魚掉入托盤裡時千萬別用手抓,請以湯匙等物品舀起後放回容器內吧!

Point!

多準備一點清水!

通常清水只需在換水的前一天準備,但若遇到生物死亡、水打翻等情況,就必須緊急換水。因此若能多儲存一些清水,就能有備無患了!

這種分量就OK了!

隔一天餵一次魚

魚飼料隔一天餵一次即可。金魚&小魚專用的片狀飼料會浮在水面上,一條身長2cm左右的白雲山,只要餵1片約5mm的碎片就夠了。飼料餵太多,不但魚的糞便量會增加,吃不完的飼料還會弄髒水質。也建議挑選不易弄髒水質的飼料。

玻璃出現髒汙,就以海綿擦乾淨

生態瓶完成數週後,玻璃內側就會開始長苔蘚。長時間置之不理,髒汙會很難清除,所以請趁早清理。換水前,以鑷子夾起裁好的科技海綿擦拭玻璃內側。清理完畢後,再依上述方式進行換水。

● 季節性の照顧

只有夏天需要勤於換水

除非生態瓶一直擺在有開冷氣的房間裡，否則夏天可是極易讓水溫上升，導致水草易腐爛的時期。水溫上升，不僅容易導致水草枯萎，連生物也受不了。因此換水頻率要改成每週2次。建議於每週三＆週日進行。

Point!

度過炎炎夏日の訣竅

在此介紹幾個小訣竅，幫助大家戰勝「盛夏酷暑」。

● 第一週要小心翼翼！

若在夏天製作生態瓶，請在完成後的隔天換第1次水，等兩天後再換第2次水，再隔兩天換第3次水……也就是一週共換3次水。如此一來，剛形成的生態環境中，原本尚未穩定的水質就會非常良好。

● 水質一混濁就立刻換水

水溫一變高，水就容易變混濁。這時請別置之不理，要立刻進行換水。一旦發現水質混濁，每天都進行基本的換水也無所謂，因為若置之不理，會對魚造成傷害。

● 水溫上升後，就需要更多的光

水溫升高時，水草所需要的照光量也會增加。發覺水草容易受傷，就代表照光量不足。這時可使用LED等聚光燈，每天照射水草8至10小時。

冬天也可以考慮
使用加溫器

於生態瓶內飼養鬥魚等熱帶魚時，建議從10月開始就要使用加溫器。加溫器就像是地板暖氣，將容器放在暖爐上，水會自動保持定溫，可於水族用品店中購得。遇到寒流時，無論養殖的是否為熱帶魚，夜晚一律都要以毛毯包住容器，或放入保麗龍箱內來禦寒。

水草の修剪

Before  After

水草生長過盛，就要修剪打理

水草過度生長不但有礙觀瞻，還會減少魚游泳的空間。而且一株水草過度生長，也會遮蔽到其他水草，進而導致日照不足。所以必須修整過度生長的水草。所謂「鑷子修剪」，就是直接以鑷子夾起剪斷的水草的簡單修剪方式，至於「拔掉重種」則是能美化外觀的方法。水草修剪完畢後，記得要換水保持水質潔淨。

非常簡單
鑷子修剪

把過度生長的水草，修剪至最初栽種時的適當長度。請在水草朝氣蓬勃，枝葉確實展開的時候進行。

① 修剪成適當的長度。

② 以鑷子夾起剪斷的水草。

③ 改種在適合的位置。

有助美觀
拔掉重種

先拔起水草，待修剪完畢再種回去的方法。可以在水草營養不良，或想調整外觀卻又不想留下修剪痕跡的時候進行。

① 避免連根帶土地慢慢拔起水草。

② 修剪至適當的長度（沒有根也無所謂）。

③ 擷取些尖端（新芽）的下方葉，重新種回去。

疑難雜症解惑 Q&A

 蓋上瓶蓋，
魚還能活嗎？

 若只養一條小魚
就沒問題

只要在生態瓶中配置活水草，水草就會進行光合作用製造氧氣。如果瓶內只有一條小魚，只要在水面上稍微預留點空間，蓋上瓶蓋也沒有問題。魚會排出二氧化碳，水草則以二氧化碳進行光合作用……形成生態循環。水草上有時會沾附些許氣泡，那就是光合作用後產生的氧氣。

 魚蝦可以
同時飼養嗎？

 建議於生態瓶完成一個月後
再放入蝦

雖然小型蝦可以和魚一起飼養，但僅限一隻。而鬥魚＆絲足魚會攻擊蝦類，因此不適合共養。建議等生態瓶完成約一個月後，瓶內生態趨近自然環境時，再放入蝦。

 如果生物死亡
怎麼辦？

 立刻取出
並進行換水

當魚等生物死亡，必須立刻以鑷子等取出。如果放任不管，屍體就會腐敗且污染水質。先別急著找出原因，為了保險起見先換水，事後再追查是水質還是溫度等因素＆擬定對策吧！

蝸牛（小型貝類）
繁殖數量越來越多
該怎麼辦？

 前往水族專賣店諮詢

貝類依附水草而生。如果繁殖的數量太多，就拿出來吧！1公升容器中，建議最多養5隻5mm大小的貝類。如果數量過多，可以前往水族專賣店諮詢，或製作新的生態瓶移養過去。貝類繁殖過多會食害水草，所以要勤加檢查。

 遇到去旅行等
不在家的情況
該怎麼辦？

 3天以內
沒有問題

只要把生態瓶放在不會太熱又有光線的位置，即使有養魚也不用擔心；至於水草，擺上1周也沒有問題。遇到瓶中有養魚，又必須離開家超過5天的情況，不妨把攜帶方便的生態瓶拿去託人照顧。藉此傳授生態瓶の基本維護方式，讓親朋好友也能輕鬆地樂在其中吧！

 砂礫上的排泄物＆
垃圾該如何清理？

建議以滴管
吸出來

瓶中有些許的排泄物無所謂，但如果排泄物量太多或有枯葉，就要以滴管吸出。至於滴管，建議挑選購物中心販售的「大型滴管」，這種滴管的尺寸在清理時會比較便利。以滴管將帶有排泄物＆垃圾的水吸出再接著換水，就可以徹底將生態瓶清理乾淨了！

生態瓶誕生の契機

　　當初會萌生生態瓶這個點子純屬偶然。那時的我從事水草業正邁入第十個年頭，還只是位寵物專賣店的店員。

　　就在我日夜思索著：「該如何讓更多人了解養殖水草的樂趣呢？」某位顧客向我提議：「不妨將水草推薦給園藝店吧？畢竟水草同樣也是植物，感興趣的人應該會變多。」

　　雖然我想儘快付諸實行，但總不能直接捧著一個大水槽登門介紹。就在我傷透腦筋的時候，無意間瞥見了擺在倉庫內的一個小瓶子，於是我靈機一動：「平常都是利用水槽進行造景設計，不如將這個瓶子打造成水槽的縮小版吧！」於是索性拿了瓶子，迅速地動手試作。

　　當作品完成之後，「看起來很不賴嘛！」「即使蓋上瓶蓋捧著走，也不會破壞造景……沒問題！可以隨身攜帶！」這就是生態瓶的雛形，無心插柳柳成蔭的偶然正是造就今日不可或缺的契機。距今11年前「生態瓶」誕生的那瞬間，至今仍恍如昨日般歷歷在目呢！

初期の生態瓶

尚未使用彩砂等物品所製作的初期作品。把運用水槽來展現的景觀濃縮於瓶內。

Part 2

動手打造各式各樣の
迷你水族館

學會製作基本的生態瓶後，
接著挑戰五花八門的容器以及水草造景吧！
請盡情自由發揮，樂在其中地打造出個性十足的作品。

◆ 容器大變身（P.38至P.51）

◆ 造景樂無窮（P.52至P.65）

● 容器大變身

香檳酒杯

外形時尚又細緻的香檳酒杯，單是栽種一株水草，就能化身為引人注目的作品。

材料

· 香檳酒杯（高20cm×直徑5cm）
· 水草
  血心蘭、紅松尾
· 彩砂
· 琉璃砂
· 壓克力彩石
· 石頭

用具

· 製作用具（→P.19）

維護方式 欣賞完後，就移種到有水草黑土的生態瓶內吧！

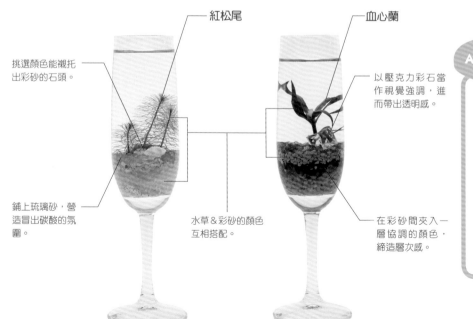

紅松尾

血心蘭

挑選顏色能襯托出彩砂的石頭。

以壓克力彩石當作視覺強調，進而帶出透明感。

鋪上琉璃砂，營造冒出碳酸的氛圍。

水草＆彩砂的顏色互相搭配。

在彩砂間夾入一層協調的顏色，締造層次感。

Arrange

也可以使用圓酒杯來製作

以杯身細長的香檳酒杯來製作，可營造修長的印象；若使用圓酒杯，則可以締造出圓潤感。也可以配合酒杯的大小，栽種2至3株的水草。

茶杯&茶壺

玻璃製的杯壺組真是可愛極了！以綠色為整體主色來營造茶的氛圍，是不是很棒呢？

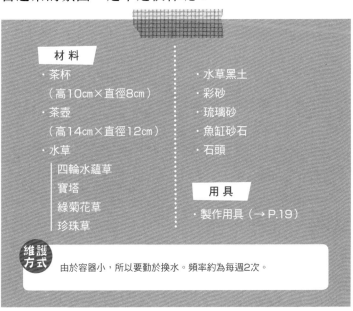

材料

・茶杯
　（高10cm×直徑8cm）
・茶壺
　（高14cm×直徑12cm）
・水草
　　四輪水蘊草
　　寶塔
　　綠菊花草
　　珍珠草

・水草黑土
・彩砂
・琉璃砂
・魚缸砂石
・石頭

用具
・製作用具（→P.19）

維護方式　由於容器小，所以要勤於換水。頻率約為每週2次。

以單株長珍珠草作為視覺強調。

以兩種顏色的彩砂製作漸層效果。

四輪水蘊草多半會整株栽種，但這次只有使用水草的尖端，以打造與眾不同的印象。

為了讓寶塔看起來更顯眼，因此以綠菊花草團團包圍。

使綠菊花草&寶塔草同高，勾勒出一致感。

將同為綠色的彩砂&琉璃砂混和使用，就會顯得俏皮可愛。

以魚缸砂石鋪底，營造穩重收斂的印象。

試管

以五彩繽紛的水草＆彩砂，搭配出個性感。由於沒有使用水草黑土，所以只能作為一時的觀賞。

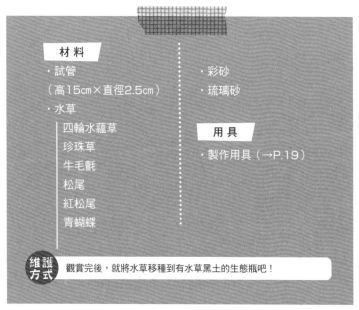

材料

· 試管
（高15cm×直徑2.5cm）
· 水草
　四輪水蘊草
　珍珠草
　牛毛氈
　松尾
　紅松尾
　青蝴蝶

· 彩砂
· 琉璃砂

用具
· 製作用具（→P.19）

維護方式 觀賞完後，就將水草移種到有水草黑土的生態瓶吧！

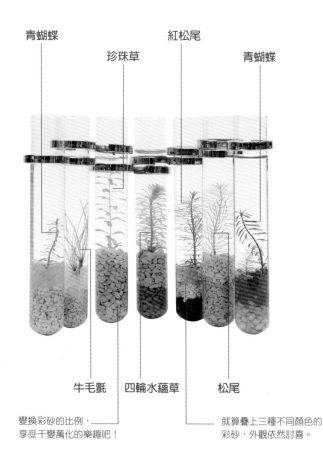

青蝴蝶　　珍珠草　　紅松尾　　青蝴蝶

牛毛氈　　四輪水蘊草　　松尾

變換彩砂的比例，享受千變萬化的樂趣吧！

就算疊上三種不同顏色的彩砂，外觀依然討喜。

迷你玻璃
密封罐

以高約10cm的玻璃密封罐製作而成的
小魚缸，魅力在於能夠輕鬆完成，並擺
在各種地方。

材料

· 迷你玻璃密封罐
　（高10cm×寬·長5cm）
· 水草
　｜香香草、綠菊花草
· 水草黑土
· 彩砂
· 琉璃砂

用具

· 製作用具（→P.19）

維護方式 由於水量少，所以水質容易混濁，需要勤
於換水，建議每2至3日換水1次。

以大葉片的香香草搭
配小容器，來製作衝
突感。

混和2至3色同色系
的琉璃砂，勾勒出
透明感。

使用同為紅色的
琉璃砂＆彩砂。

在最下層使用黃色
彩砂，營造視覺刺
激。

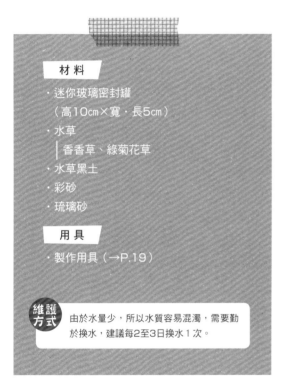

Point!

小容器可以盡情欣賞葉子的形狀

小容器就與P.40的試管小魚缸一樣，頂多
只能放入1至2種水草。但也正因如此，
大家才能將目光集中在水草可愛的葉片形
狀上。把好幾個栽種著葉形各有特色的水
草生態瓶擺在一起，觀賞其中的差異性也
很不錯。

瓶中瓶

瓶內再放個小瓶，讓兩個生態瓶的世界融合為一。這是以沉在海底的寶物所發想出來的作品。

材料

· 保鮮瓶（高17cm×直徑11cm）
· 小保鮮瓶（高8cm×直徑4cm）
· 水草
　　匙葉眼子菜、印度小圓葉
· 水草黑土
· 白砂
· 琉璃砂
· 魚缸砂石
· 石頭

用具

· 製作用具（→P.19）

維護方式 拿出小生態瓶，再各自進行換水。

Arrange

小瓶的瓶蓋打開也OK。

雖然本篇範例中的瓶中小瓶是蓋上瓶蓋的，但其實不蓋瓶蓋也可以。如此一來，瓶內的水就會自由流動，不用拿起小瓶子直接進行換水也OK。但為了使瓶內世界產生關連性，小瓶內的色調最好與大瓶相似。

為了讓小瓶更加引人注目，建議瓶內簡單栽種1株水草即可。在此使用匙葉眼子菜來比擬海藻。

以細緻的白砂呈現出海底沙地的風貌，並於砂上撒落少許粉紅色的魚缸砂石。

於小瓶內放入印度小圓葉來吸引目光。

以黑色石頭表現海底礁岩，如固定小瓶般，將石頭圍繞瓶身一圈。

將黃綠色的琉璃砂，比擬成閃閃發光的寶物。

方塊水槽

將相同形狀的水槽一字排開，也很俏皮可愛。
隨心所欲地堆疊，享受變換外觀的樂趣吧！

材料

・方塊水槽※
（高11cm×寬・長10cm）
・水草
　四輪水蘊草
　綠菊花草
　珍珠草
　青葉草
　對葉
　紅松尾
　水丁香葉底紅

・水草黑土
・彩砂
・琉璃砂
・石頭
・生物
　白雲山
　斑馬

用具
・製作用具（→P.19）

維護方式 由於容器的高度並不高，所以要勤加修剪水草。

※本作品使用GEX株式會社的旗下產品。

以石頭劃分彩砂與水草的區域。將水草區所使用的橘色彩砂，配置成從正面隱約可看見的程度。

● **俯視圖**

由上往下看一字排開的三個水槽時，石頭的區域要呈現圓弧狀。排列石頭時要記得往下壓，這樣才會穩固。

將珍珠草密集地種在綠菊花草＆四輪水蘊草的縫隙間。

● **正面圖**

嘗試栽種幾株不同高度的四輪水蘊草。

在水槽中央擺放一顆大圓石。

以藍色琉璃砂＆白石頭呈現鮮明的色彩。

玻璃碗

俯視平坦的容器也是一種樂趣。栽種離開水面也能生長的水草，展現出水草旺盛的生命力吧！

材料

· 玻璃碗
　（高6cm×直徑18cm）
· 水草
　　四輪水蘊草
　　香香草
　　細葉水芹·非洲紅柳
　　水羅蘭
　　綠菊花草
　　綠菊花草
　　青葉草

　　對葉
　　水丁香葉底紅
· 水草黑土
· 彩砂
· 琉璃砂
· 石頭
· 生物
　　白雲山

用具

· 製作用具（→P.19）

維護方式 由於水很容易蒸發，所以要勤於加水。

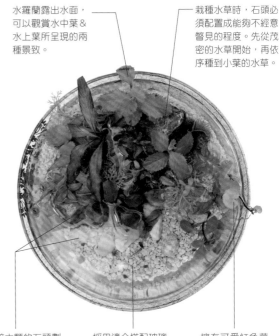

水羅蘭露出水面，可以觀賞水中葉＆水上葉所呈現的兩種景致。

栽種水草時，石頭必須配置成能夠不經意瞥見的程度。先從茂密的水草開始，再依序種到小葉的水草。

以較大顆的石頭劃分水草＆彩砂的區域，然後在前側配置些零星的小石。

採用適合搭配玻璃且清爽的藍色彩砂為基底，藉由小白石＆琉璃砂勾勒出透明感。

擁有可愛紅色莖葉的香香草生長到器皿外側後，更增氣氛。

陶鍋

在陶鍋中搭配色調沉穩的砂礫＆石頭，再選擇帶有日式韻味的水草。好好俯視欣賞吧！

材料	用具
·陶鍋（高9cm×直徑18cm）	·製作用具（→P.19）
·水草	
｜水羅蘭	
·水草黑土	
·魚缸砂石	
·石頭	

維護方式 由於水容易蒸發，所以要勤於添水。

擺一顆大石頭在鍋子中央作為視覺重點，俯視時才漂亮。

為了襯托水草，而在縫隙處擺放黑石，來詮釋日式韻味。

僅使用水羅蘭。可欣賞水中的葉子（水中葉）＆露出水面的葉子（水上葉）形狀的差異性。

扁平玻璃缽

需要俯視欣賞的扁平容器，不僅能確保魚的游泳空間，還能栽種許多的水草，非常有看頭呢！

材料

- 扁平玻璃碗
  （高 5 cm × 直徑 25 cm）
- 水草
  - 四輪水蘊草、水羅蘭
  - 綠菊花草、珍珠草
  - 青葉草、對葉
  - 水丁香葉底紅
  - 印度小圓葉
- 水草黑土
- 白砂
- 魚缸砂石
- 石頭
- 生物
  - 紅鱂

用具

- 製作用具（→ P.19）

維護方式 由於水容易蒸發，所以要勤加添水。

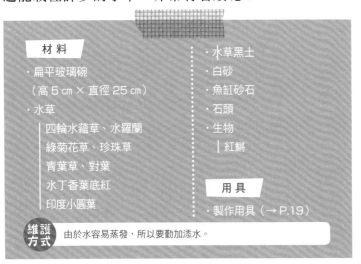

先栽種綠菊花草＆四輪水蘊草等葉片蓬鬆的綠色水草，接著才輪到淺色及略帶紅色的水草。

將圓葉水草＆小葉水草，陸續栽種於蓬鬆水草的間隙處。

運用大顆石頭確實地將水草＆彩砂分界，確保魚的游泳空間。

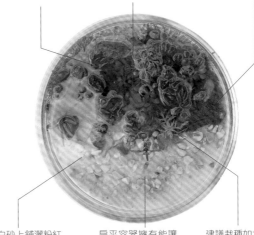

在白砂上鋪灑粉紅色魚缸砂石，與水草營造出協調性。

扁平容器擁有能讓小魚直游的寬廣空間，就算是青鱂等不擅洄游的魚也能自在悠游。

建議栽種如水羅蘭等葉形美麗的水草，營造水草在大石上搖曳生姿的景致。

圓柱玻璃花瓶

在有高度的花瓶內，以長樹枝為中心，將長莖的綠菊花草栽種在樹枝周圍，將之比擬為松樹。

材料

- 圓柱玻璃花瓶（高40cm×直徑13cm）
- 水草
  - 四輪水蘊草、寶塔
  - 綠菊花草、紅菊花草
  - 水丁香葉底紅
- 水草黑土
- 彩砂
- 琉璃砂
- 石頭
- 生物
  - 長鰭豹點斑馬
  - （由於花瓶很大，可以養3條。）

用具

- 製作用具（→P.19）

維護方式 由於用水量大，請使用1.5ℓ寶特瓶等容器，來準備替換用水。

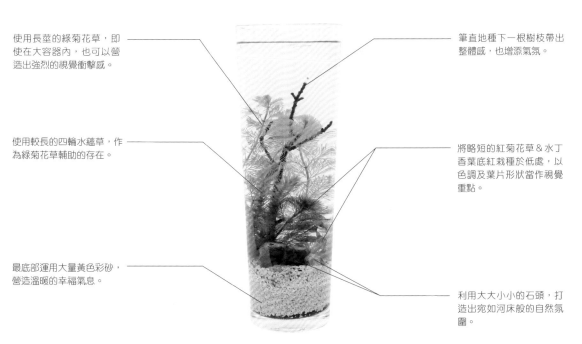

使用長莖的綠菊花草，即使在大容器內，也可以營造出強烈的視覺衝擊感。

筆直地種下一根樹枝帶出整體感，也增添氣氛。

使用較長的四輪水蘊草，作為綠菊花草輔助的存在。

將略短的紅菊花草＆水丁香葉底紅栽種於低處，以色調及葉片形狀當作視覺重點。

最底部運用大量黃色彩砂，營造溫暖的幸福氣息。

利用大大小小的石頭，打造出宛如河床般的自然氛圍。

大玻璃釀酒瓶

小生態瓶製作得駕輕就熟後，就來挑戰大玻璃釀酒瓶吧！
栽種過程中，必須留意水草的「高度」&「顏色」。

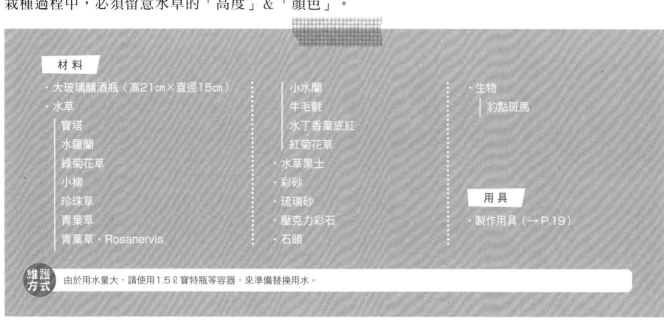

材料

- 大玻璃釀酒瓶（高21cm×直徑15cm）
- 水草
  寶塔
  水羅蘭
  綠菊花草
  小柳
  珍珠草
  青葉草
  青葉草‧Rosanervis
- 小水蘭
  牛毛氈
  水丁香葉底紅
  紅菊花草
- 水草黑土
- 彩砂
- 琉璃砂
- 壓克力彩石
- 石頭

- 生物
  豹點斑馬

用具

- 製作用具（→P.19）

維護方式 由於用水量大，請使用1.5ℓ寶特瓶等容器，來準備替換用水。

先從深綠色水草開始種起，紅色水草留待最後栽種，作為視覺重點。

將數顆石頭配置成石階的模樣，勾勒出立體感。

以彩砂營造氣氛。在此使用暖色系的綠色彩砂搭配橘彩砂。

後景主要栽種長莖且葉片蓬鬆的水草。

中景主要栽種葉形有趣的深綠色水草。

前景主要栽種矮莖且葉片可愛的水草。

將牛毛氈栽種在水草&石頭的縫隙間，增添作品的細緻度。

◆ 造景樂無窮

四季——春

〰〰〰〰〰〰〰〰〰〰〰

生態瓶也可以展現季節感。就以淡雅柔和的配色為基調,妝點出春意吧!

材料

· 玻璃密封罐(高17cm×直徑12cm)
· 水草
  寶塔、青葉草
  青葉草·Rosanervis
  對葉、印度小圓葉
· 水草黑土
· 彩砂
· 琉璃砂
· 小石子
· 樹枝(粗枝、細枝)

用具

· 製作用具(→P.19)
· 電鑽

維護方式 勤於維護水草,以維持瓶內景致。

先以電鑽在粗枝上部鑽洞,再植入印度小圓葉,比擬成櫻花樹。

● 正面圖

於櫻花樹的右側配置細枝,平衡整體畫面。

● 俯視圖

建議以色彩鮮明的黃綠色水草&略帶淡粉紅色的青葉草Rosanervis,營造春天新綠的形象。

由於櫻花樹是主角,因此底下的水草不能太高。

運用粉紅色、白色及淡綠色營造溫暖的春意。

四季——夏

以藍色彩砂為基調，締造涼爽的夏日海灘風情。

材料

· 玻璃密封罐（高17cm×直徑12cm）
· 水草
  > 四輪水蘊草、寶塔
  > 青葉草、珍珠草
  > 對葉、印度小圓葉
· 水草黑土
· 彩砂
· 琉璃砂
· 石頭
· 生物
  > 白雲山

用具

· 製作用具（→P.19）

維護方式 勤於維護水草，以維持瓶內景致。

以略帶紅色的淺綠色水草為基底，來表現清爽感。

將珍珠草栽種於正前方的石頭縫隙間，營造可愛感。

●俯視圖

使正前方彩砂的鋪設範圍略大，以製造岸邊的氛圍。

●正面圖

栽種一排相同高度的對葉，欣賞隨波搖曳的景致。

為了營造整體性&點綴景色，而挑選四方形的黑石。

以水藍色&白色的彩砂為基底，零散地灑上幾顆深藍色的琉璃彩砂，帶出透明感。

四季——秋

以略帶紅色的水草，營造出秋天略感寂寥卻溫暖的獨特氛圍。

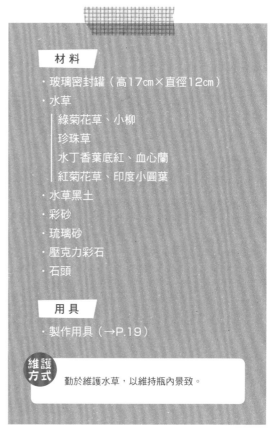

材料

· 玻璃密封罐（高17cm×直徑12cm）
· 水草
　綠菊花草、小柳
　珍珠草
　水丁香葉底紅、血心蘭
　紅菊花草、印度小圓葉
· 水草黑土
· 彩砂
· 琉璃砂
· 壓克力彩石
· 石頭

用具

· 製作用具（→P.19）

維護方式 勤於維護水草，以維持瓶內景致。

以充滿魄力的紅菊花草為主角，且於四周栽種象徵楓葉的紅色水草。

於正前方的石縫間，塞入幾株矮水草。

●正面圖

●俯視圖

在深處擺放小黑石進行點綴，正前方則配置褐色系或紅色系的物件。

以黃色、橘色彩砂為底砂，再零星地灑上紅色琉璃砂，增添溫暖的印象。

四季———冬

連樹木都被凍結般的冰雪世界。純白色的「白砂」，最適合用來詮釋雪。

材料

· 玻璃密封罐（高17㎝×直徑12㎝）
· 水草
　｜綠菊花草
· 水草黑土
· 白砂
· 魚缸砂石
· 琉璃砂
· 石頭

用具

· 製作用具（→P.19）

維護方式　勤於維護水草，以維持瓶內景致。

以略有高度的單株綠菊花草，展現一枝獨秀。

放入剪成小段的綠菊花草頂端。為了呈現植物稀少的冬季景致，簡單栽種幾株水草即可。

全面鋪上藍色琉璃砂，呈現出帶有透明感的冰雪世界。

完成作品後，將白砂灑在菊花草上，打造粉雪從天而降的氣氛。

● 正面圖

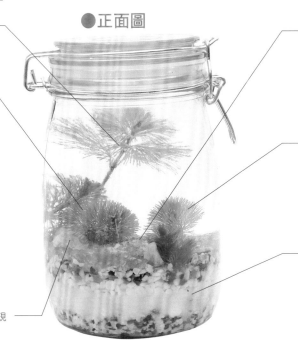

● 俯視圖

以白色小石子表現冰層。

以白砂表現冰雪後，在底部鋪上褐色魚缸砂石，象徵靜待冰融的泥土。

加入小飾品の花式造景

利用花瓶的縱長距離，製作出童話般的小徑。
以造景飾品裝飾出可愛氣息。

材料	
·方形花瓶 （高18cm×寬8.5×長30cm）	·彩砂 ·石頭 ·細枝
·水草	·造景飾品
翡翠莫絲 　綠菊花草 　珍珠草 　對葉 　牛毛氈 　水丁香葉底紅	公雞、小屋 ·生物 　日光燈魚
	用具
·水草黑土	·製作用具（→P.19） ·棉線（深綠色）

維護方式 勤於維護水草，以維持瓶內景致。

以棉線捆綁細枝來詮釋
樹木，並配置於小屋後
方。

●橫面圖

以水草黑土鋪設坡度。
將主要的造景飾品擺設
在最上方來引人注目。

●正面圖

在後景栽種如水丁香葉
底紅等葉片偏大的水
草，且將水草栽種得高
一點。

在中景栽種葉片蓬鬆或
略帶紅色的水草。

在前景栽種如珍珠草等
小巧可愛的水草。

可以在褐色的水草黑
土上面擺設白色或粉
紅色的小石子。

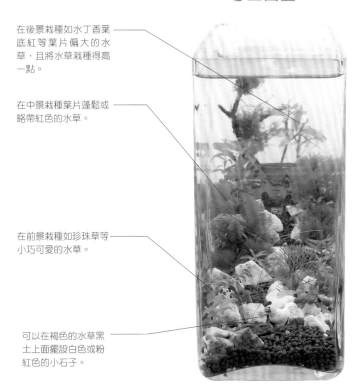

●俯視圖

以小石子劃分水草&
水草黑土的區域。配
置時石子時，務必下
壓固定。

在前方水草的其中一
塊 區 域 灑 些 綠 色 彩
砂，營造出草地的感
覺。

57

五彩繽紛＆時髦

使用外形特色十足的牛奶瓶，以精心搭配的色彩布置出令人欣喜的氛圍。

材料

- 牛乳瓶（高14cm×直徑6cm）
- 水草
  - 綠菊花草
  - 紅松尾
  - 印度小圓葉
  - 紅蝴蝶
- 水草黑土
- 彩砂
- 琉璃砂

用具

- 製作用具（→P.19）

維護方式 由於水容易蒸發，所以要勤加添水。

將垂曳著葉片的紅松尾高種在後方。

以色彩鮮明的綠菊花草當背景，來襯托略帶紅色的印度小圓葉。

將貌似花朵的紅蝴蝶，打造成宛若新芽般的華麗模樣。

運用數種顏色的琉璃砂＆彩砂鋪設出五彩繽紛的頂層。

大量使用存在感十足的半透明粉紅色彩砂，營造可愛感。

Point!

以偏圓的容器
增添時髦氣息

想詮釋時髦兼具可愛的氛圍，最好的辦法就是運用五顏六色的彩砂，不過使用偏圓的容器也很重要。四方形容器會帶給人尖銳的印象，請依照作品想傳達的氛圍，來決定容器的形狀！

富士山 & 茶園

一手打造世界遺產・三保松原的景致。球形容器的使用重點，在於徹底劃分水草 & 彩砂的區域，並以牆面展現高度。

材料		用具
・球形花瓶	・琉璃砂	・製作用具
（高20㎝×直徑25㎝）	・白砂	（→P.19）
・水草	・魚缸砂石	・棉線
翡翠莫絲	・石頭	（深綠色）
綠菊花草	・漂流木	・聚氯乙烯塑料管
黑木蕨	・富士山の	（作為爪哇苔蘚
・水草黑土	背景照片	的芯）
・彩砂		

維護方式 勤於維護水草，以維持瓶內景致。

將黑木蕨插在樹枝分岔處來比擬松樹。

以略高的四角形石頭分隔出茶園的區域，且於後景處栽種較高的綠菊花草。

以水草黑土 & 魚缸砂石在左側鋪設出高度，營造立體感。

● 正面圖

將富士山的圖片貼在容器外。

以翡翠莫絲纏繞好幾條聚氯乙烯塑料管後，以棉線固定，再擺在缸內比擬茶園。

● 俯視圖

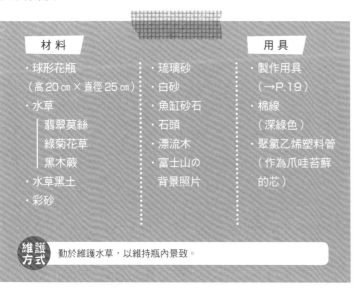

挑選較大株的黑木蕨，布置出俯視水面時葉片會呈現擴展，讓人印象深刻的模樣。

以較粗的漂流木確實地劃分水草 & 彩砂的區域。

將白色、水藍色、藍色彩砂混在一起，詮釋大海 & 浪花。

以剪短的綠菊花草圍繞翡翠莫絲茶園。

日式庭院＆金魚

洋溢著日式情調的生態缸。由於無法飼養金魚，所以就以造景飾品來代替。
此時比起展現水草的個性，更應優先考量整體的協調感。

材料

- 球形花瓶（高20cm×直徑25cm）
- 水草

  四輪水蘊草、非洲紅柳

  水羅蘭

  綠菊花草

  珍珠草、青葉草

  青葉草・Rosanervis

  紅松尾

  水丁香葉底紅

  紅菊花草
- 水草黑土
- 彩砂
- 魚缸砂石
- 石頭
- 陶器造景飾品

  金魚（紅＆黑）、烏龜

用具

- 製作用具（→P.19）

維護方式 勤於維護水草，以維持瓶內景致。

Arrange

適用於營造日式氛圍的水草們

想以水草締造日式氛圍時，推薦使用水羅蘭、綠菊花草、四輪水蘊草、珍珠草。雖然它們的葉形＆顏色皆不同，卻會各自散發出獨特的美感。不妨參考以下的使用方法喔！

● 正面圖

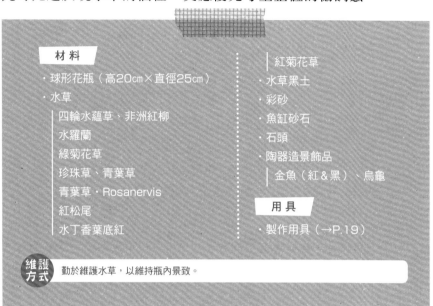

將四輪水蘊草高種於後方，以帶有透明感的綠色，營造清爽印象。

將造景飾品分別擺在石頭的上方及下方，以呈現立體感。凡是不會掉漆剝落的造景飾品皆可擺設。

在中央處擺設大黑石聚焦。為了凸顯色彩，而在石頭前方栽種淺綠色的青葉草。

於綠菊花草的間隙，陸續栽種葉小的珍珠草、略帶紅色的青葉草Rosanervis等水草。

● 俯視圖

於主石附近栽種水羅蘭，展現葉子的形狀，就會流露出日式氣息。

以白色彩砂為基調，灑上些許洋溢著日式氛圍的褐色魚缸砂石。

將大小相同的小石子，排列成庭院中踏腳石的模樣。

多種幾株綠菊花草來營造松樹的形象，至於間隙處則栽種葉形不同的水草，作為視覺重點。

以小叢的珍珠草在正面栽種出樹叢後，就會流露出杜鵑花的印象。

西式庭園

運用葉形各異的水草使其展露各自的美感，是打造西式風情的秘訣。
以漂流木製作出高低層次，更能徹底展現水草的姿態。

材料

- 球形花瓶（高20cm×直徑25cm）
- 水草
  - 水羅蘭
  - 綠菊花草
  - 小柳、針葉皇冠草
  - 珍珠草、青葉草
  - 青葉草・Rosanervis
  - 對葉
  - 窄葉鐵皇冠、血心蘭
- 紅菊花草、印度小圓葉
- 水草黑土
- 魚缸砂石
- 石頭
- 漂流木

用具

- 製作用具（→ P.19）

維護方式 勤於維護水草，以維持瓶內景致。

Arrange

打造西式風格的基本是「形形色色」

想以水草營造西式風格時，呈現出水草各自獨特的美感是訣竅所在。也就是在一株水草旁邊栽種顏色形狀各不相同的水草，來襯托出每一株水草的特色美。總而言之，將每株水草都栽種得很討喜是非常重要的！

●正面圖

使用3根粗漂流木，製作上、中、下三塊區域，且集中於左側製作出高度。

在漂流木前方栽種小株的青葉草Rosanervis作出可愛感。

將小柳、針葉皇冠草等葉形細長的水草茂密地栽種於後方，藉葉子隨波搖曳的模樣來營造清爽感。

將石頭擺在各處，在前方栽種如水羅蘭等葉形令人印象深刻的水草。

●俯視圖

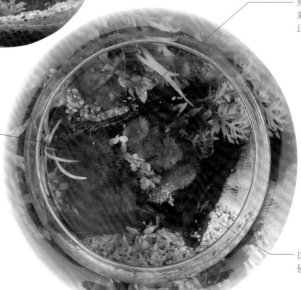

將綠菊花草栽種成一條短徑後，外觀就像是庭園用樹。與葉小的對葉一起栽種。

以顏色低調的白色裝飾細砂礫為基底來陪襯水草。

應用於聚會＆禮物

作為
生日禮物！

將簡單的生態瓶加上可愛的標牌後作為贈禮。收禮的人可以自行增添水草，享受其中的樂趣。

製作方法

將粉紅色＆紅色琉璃砂混和鋪在頂層後，在玻璃邊緣處以鑷子下壓，製作出圖案。白色小石子則沿著玻璃邊緣配置，且於中央栽種矮株的綠菊花草。

色彩繽紛の
聚會！

以生態瓶裝飾家族聚會時的桌面，房間也瞬間華麗了起來。試著運用形狀可愛的容器製作色彩豐富的作品吧！

製作方法

香檳杯的作法參見P.38。依序鋪上粉紅色、黃色的彩砂，最頂層則鋪上混有白色、水藍色、粉紅色的彩砂。沿著玻璃邊緣栽種短株的綠菊花草，且於中央栽種略高的紅菊花草＆血心蘭。

Part3

水草 & 生物圖鑑

本單元將介紹適合生長在生態瓶中的水草 & 生物。

檢視水草的形狀 & 顏色，

作為製作時的參考吧！

水 草 圖 鑑

水草可以在水族店或利用網購、郵購等途徑購得。請考慮養殖方式，依水草的顏色、形狀、養育難易度等特徵，挑選適合的水草吧！

四輪水蘊草

Egeria densa

●原產地　南美等地

生命力強又好養，是最適合養在小魚缸內的水草，不但生根容易，粗根還會在土裡蔓延生長，此外容易購買也是它的迷人之處。在日本有時也會以「オオカナダモ」&「金魚藻」的名稱於市面上販售。

使用範例

・P.40　試管
・P.43　方塊水槽

特徵是帶有透明感的綠葉。莖想留長或剪短使用皆可。將水草葉繚繞使用也很有效果。

香香草

Hydrocotyle leucocephala

●原產地　巴西

擁有彷彿能讓青蛙輕鬆坐上去般的心形圓葉，是討人喜歡的熱門品種。由於斜生的莖節都會生根，所以當生長過長時，剪斷莖節移栽到別處即可生根。但根短容易被連根拔起，所以建議根要種深一點。

使用範例

・P41　迷你玻璃密封罐
・P44　玻璃碗

將整株泡在水裡，或讓葉片露在水面上都OK。改變莖幹的長度，欣賞各種不同的氛圍吧！

寶塔

Limnophila sessiliflora

●原產地　日本、東南亞

日文名稱為「菊藻」。雖然外形酷似菊花草，不過寶塔的顏色偏淡黃綠色；兩者之間的差異在於，寶塔的莖節會生長複數以上的葉片，菊花草的葉片則如一雙翅膀般，是成對生長的。

使用範例

・P.50　大玻璃釀酒瓶
・P.53　四季──夏

色淺，可搭配白色&水藍色的彩砂營造清爽感。

翡翠莫絲

Fantinalis antipyretica
●原產地　歐洲、亞洲、
　　　　　北美

苔蘚的一種。擁有在水中會攀附在岩石＆漂流木上的特性，若依附樹枝而生，便會纏繞並覆蓋整個枝幹表面，猶如一席綠色地毯，所以一旦生長過度就要以剪刀修剪。

・P.59　富士山＆茶田

建議栽種於岩石縫隙間來營造氣氛。埋在小砂礫裡面也不錯。

水羅蘭

Hygrophila difformis
●原產地　東南亞

在水中會生長成貌似油菜般細長分岔的水草葉，可是到了水面上，水草葉就會生長成猶如薄荷葉的鋸齒緣卵形葉。生命力強＆好照顧，在使用上無論長短都很好變化運用，有了它可說是如獲至寶！

・P.44　玻璃碗
・P.45　陶鍋

水草葉的份量感十足，還有千變萬化的應用方式，甚至單靠它就能完成一個小魚缸。

綠菊花草

Cabomba caroliniana
●原產地　巴西、北美

被稱為「金魚藻」的水草之一。以彷彿松葉般細的針葉，散發出難以言喻的「日式」風情。無論栽種單株或多株，輝映於水中的深綠色，看起來都如詩如畫。若光照不足，水草葉的顏色就會變淡，要特別留意。

・P.39　茶壺
・P.55　四季──冬

水草葉蓬鬆柔軟，僅是栽種於一隅，就能打造出美麗的作品。

珍珠草

Hemianthus micranthemoides
●原產地　改良品種

雖以細莖幹＆小葉片流露出奢華印象，卻仍能強而有力地生根茁壯，所以在此推薦。珍珠草除了常見品種外 還有葉片偏圓的新大珍珠草（→P.73）等種類。

・P.39　茶杯
・P.61　熱帶雨林

珍珠草的特徵，在於水草葉是從枝節冒出＆成對生長。栽種於石隙間，可以強調出水草葉小巧可愛的感覺。

水草＆生物圖鑑

青葉草

Hygrophila polysperma
●原產地　印度、東南亞

是容易適應環境變化又很好養的水草。葉片呈淺黃綠色。葉片尖端有時會因為光的強弱而略呈褐色。雖然店家是以長條莖來販售，不過推薦剪短使用比較可愛。

使用範例

・P.43　方塊水槽
・P.52　四季──春

栽種於葉片纖細的水草之中，以凸顯存在感，打造整體的視覺重點。

青葉草・Rosanervis

Hygrophila polysperma var."rosaenervis"
●原產地　改良品種

青葉草的改良品種。特徵為粉紅色的水草葉會浮現出白色葉脈，若光照不足就會逐漸變回綠色；因此請給予充分的照光量，保持它的紅色吧！

使用範例

・P.52　四季──春
・P.63　日本庭院＆金魚

每一片水草葉上都會出現明顯對比，單是栽種1株就非常美麗，且能賦予生態瓶華麗感。

對葉（過長沙）

●原產地　美國、非洲
　　　　　亞洲

特徵是比起常用款水草「Water bacopa」更小株，擁有偏厚的嫩綠色卵形葉。雖然強壯但成長速度緩慢，是易於維護又很好照顧的水草。

使用範例

・P.43　方塊水槽
・P.44　玻璃碗

會筆直地向上生長，栽種於群生水草之中相當美觀好看。水草葉也可以露出水面生長。

寬葉迷你澤瀉蘭

Sagittaria Sbulata Var.Pusilla
●原產地　北美

呈現放射狀生長的細長葉片，猶如在描繪圓弧般往外延伸。由於新生葉片是從內側冒出，因此若外側葉片有損傷，需從根部剪掉，以便新生葉片繼續生長。喜愛強光，若光照不足會影響生長發育，所以要特別注意。

使用範例

・P.48　方形花瓶
・P.54　四季──秋

在不同種類的水草之間栽種單株，更可突顯水草葉的形狀，加深印象。

牛毛氈

Eleochalis acicularis

●原產地　東亞

外形一如其名，擁有如同頭髮般纖細的水草葉。由於存在感薄弱，就像是花束內的「縷絲花」般，是負責將其他水草襯托得恰到好處，柔和整體氛圍的配草。

使用範例

・P.40　試管
・P.50　大玻璃釀酒瓶

單種一株就很出色！建議栽種於石頭縫隙，或大量栽種營造出草原般的氛圍。

水丁香葉底紅

Ludwigia paluustris X repens

●原產地　歐洲、北美
　　　　　亞洲南部

葉色會隨著環境變成亮淺綠色、橘色或黃色，可以賦予生態瓶微妙的細緻感。略帶紅色的葉子背面，也是視覺重點。建議栽種單株於綠色水草之間。

使用範例

・P.48　方形花瓶
・P.50　大玻璃釀酒瓶

向上蜿蜒生長的莖幹，也能為生態瓶營造出曲折有致的氛圍。

紅菊花草

Cabomba furcata

●原產地　南美

另一種顏色的菊花草。紅紫色的莖＆細葉頗具印象值。雖然比綠菊花草再敏感纖細些，但越是營養不良顏色越漂亮；若整株顏色越來越黑，反而代表越健康。

使用範例

・P.47　圓柱玻璃花瓶
・P.54　四季——秋

打燈後的顏色更加美麗。嘗試營造成萬綠叢中的一點紅吧！

印度小圓葉

Rotala indica

●原產地　日本、東南亞

雖然莖葉細小卻存在感強烈，是相當適合生態瓶的水草。葉色會隨著光照量轉變為綠色＆紅色，顏色的變化十分有趣。希望葉色變紅時，就讓它接受充分的光照吧！

使用範例

・P.42　瓶中瓶
・P.52　四季——春

在養殖難度略高的紅色水草中，算是較強健的品種。試著混雜在綠色水草中栽種吧！

袖珍小榕

Anubias barteri var.nana"Petite"

●原產地　改良品種

屬於天南星科的「小榕（Anubias nana）」之中，特別袖珍的品種，深綠色的厚葉令人印象深刻。雖然生根速度慢又容易鬆動，不過一旦生根成功，堪稱是最強健的水草！生長緩慢也是特徵之一。

細葉水芹

Ceratopteris thalictroiddes

●原產地　越南

蕨科植物。外觀如胡蘿蔔葉般呈現細鋸齒狀的水草葉，色彩是鮮明的黃綠色。水草葉若直接剪斷栽種，或浮在水面上都會冒出根，因此也會被當成浮草來使用。

非洲紅柳

Nesaea pedicellata

●原產地　非洲

是水草當中罕見長有黃葉的品種。雖然單種一株存在感就十足，仍建議搭配綠色、黃色水草，來增添色調的變化。若希望加強黃色水草葉，就讓它充分接受光照吧！

匙葉眼子菜

Potamogeton malayanus Miq.

●原產地　日本

外形貌似竹葉，呈現具透明感的艷綠色，在水中猶如海藻般隨波搖曳，可營造出清涼感。推薦栽種於側面＆背面，來陪襯其他水草。

小柳

Hygrophila angustifolia

●原產地　東南亞、美國

是青葉草的同伴。輕柔纖長的水草葉，可在水中營造柔和氛圍。養殖容易且會強健地茁壯成長。由於生根速度快，將過長的水草葉剪斷移種到別處也OK。

針葉皇冠草

Echinodorus tenelus

●原產地　北美、南美

在放射狀生長的細葉水草中，「寬葉迷你澤瀉蘭」屬粗葉，「牛毛氈」屬於細葉，至於本品種的水草葉給人的印象為略粗，建議栽種於石頭間的縫隙處營造氣氛。

非洲艷柳

Nesaea sp.

●原產地　非洲

茂密的深紅色葉片令人印象深刻。雖然要養得漂亮並不是件容易事，但基本上仍屬於生命力強且不易枯萎的水草。光照不足時水草葉會變綠，接受充足的光照後紅色就會轉濃。

小紅莓

Ludwigia arcuata

●原產地　北美

如同「針葉（Needle）」的別名，是水草葉呈尖長狀的水草。葉片略帶紅色，但由於植株小，存在感不會太過強烈，用以填補綠色水草的縫隙，可營造出恰到好處的視覺重點。

新大珍珠草

Micranthemum sp.

●原產地　中南美等

惹人憐愛的小圓葉水草。與多數水草不同的是，其生長方向並非往上，而是朝石頭＆地面匍匐繁殖，想替生態瓶增添變化時很方便。建議使之叢生於長莖水草前方作為前景。

小水蘭

Vallisneria spiralis

●原產地　歐洲、非洲

以帶著透明感的綠色膠帶狀葉片繚繞於水中的景象令人印象深刻。由於葉片的生長速度快，很適合栽種在其他水草後方。強健且易栽培，適合初學者。

簀藻

Blyxa novoguineensis

●原產地　亞洲

特徵為每株都會生長許多葉片，呈現茂密叢生的分量感。依照水草的狀態＆照光量，有時會從葉片前端變成褐色。帶有野草般的韻味，適合用來營造樸素的自然感。

黑木蕨

Bolbitis heudelotii

●原產地　非洲

水蕨科植物。深綠色且帶有透明感的茂密葉片，是比一般水草略難購買的人氣品種。特性是會在石頭＆漂流木的尖端生根。若水溫過高容易枯萎，需特別留意。

綠苔草

Mayaca fluviatilis

●原產地　北美、中南美

針狀小葉茂密叢生，正常呈現明亮的綠色，一旦營養不良就會變成白色。基本上是非常強健的水草，植株小巧纖細，非常適合栽種於生態瓶。

窄葉鐵皇冠

Microsorium pteropus

●原產地　東南亞

水蕨科植物。擁有硬挺的水草葉＆堅固的根莖，就算環境產生些許變化也能安然度過。特性是會在表面粗糙不平的物體上生根，所以可栽培於漂流木的裂縫間或埋入石間，營造風雅韻味。

紅松尾

Rotala wallichii

●原產地　東南亞

擁有細尖且茂密的針葉，是纖細又非常漂亮的水草。莖幹呈現紅色，至於水草葉則會根據光照量等環境變化，從黃綠色變粉紅色。栽種於大片葉的水草周圍，會更加襯出它的纖細感。也有矮莖的品種。

血心蘭

Alternanthera reineckii

●原產地　南美

是紅色水草的代表性品種。算是紅色系水草中較易栽種的選擇。一旦養大就會擁有出類拔萃的存在感，建議栽種於顯眼處當作主角。配置於綠色水草內會讓紅色更加顯眼。

紅蝴蝶

Rotala macrandra

●原產地　亞洲

是擁有鮮紅色輕柔葉片的美麗人氣品種，使用少量就能替生態瓶增添華麗感。但比一般水草更脆弱，容易因環境變化而受傷是栽種的難處所在。請購買後立刻栽種，且儘量避免觸碰它。

青蝴蝶

Rotala macrandra"Green"

●原產地　改良品種

莖幹為紅色，水草葉整體為亮綠色，葉尖略帶粉紅色。是比「紅蝴蝶」強健，很會生根又好養的品種。建議幾株種在一起來營造存在感。

生 物 圖 鑑

小容器內能夠飼養的生物有限。請挑選適合於生態瓶內飼養的小魚、貝類及蝦類吧！飼養數量，以1ℓ的水養1條魚為基準。

白雲山

Tanichthys aibonubes

●原產地　中國

購買容易，強健好養，是最適合飼養在生態瓶中的魚種。身體輕盈，即使在小空間的容器內也能活力充沛地游來游去。魚鰭會在成長過程中逐漸變紅也是其魅力所在。壽命約為2年左右，魚身會長到3至4cm。

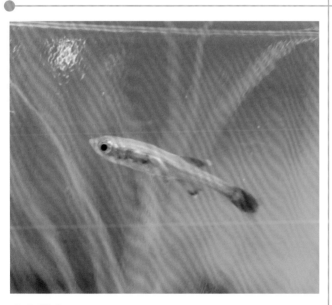

金白雲山

Tanichthys albonubes var.

●原產地　改良品種

是白雲山的改良品種，漂亮的金色身軀搭配帶有紅色的魚鰭。與白雲山同樣是飼養容易且適合生態瓶的魚。悠游於綠色水草間的模樣相當可愛，具有療癒的效果。

斑馬

Danio rerio

●原產地　印度

正如其名，斑馬花紋為其特徵，是鯉科的小型魚，與鯉魚一樣，嘴邊有一對鬍鬚。即使在小空間中也能活潑地游來游去，非常適合飼養於生態瓶中。市面上也有販售擁有飄逸魚鰭的長鰭品種。

孔雀魚
Poecilia reticulate var.
●原產地　改良品種

是小型熱帶魚之中的主流品種。美麗的顏色魅力十足，雄魚的魚鰭尤其華麗。因屬於熱帶魚而不耐低水溫，秋末至春初要留意保溫。此外，儘量避免在缸內放置樹枝等尖銳物品，以免魚鰭被刮傷。

日光燈
Paracheirodon innesi
●原產地　亞馬遜河

金屬藍的身軀帶著鮮紅色的線條，令人印象深刻的小型熱帶魚。生命力強韌，也可以飼養在最基本的生態瓶內，但更建議儘量飼養在大容器中。與孔雀魚同樣需要注意秋末至春季時的保溫。

紅蓮燈
Paracheirodon axelrodi
●原產地　南美

雖然外型貌似日光燈，仍可以憑藉腹部紅線條的延伸方式，來分辨兩者間的不同。飼養方式與日光燈相同，個性則較溫和，因此略大的容器內可以混養兩條以上。

鬥魚（左圖：雄魚／右圖：雌魚）
Betta splendens var.
●原產地　改良品種

鬥魚盛行品種改良，因此顏色種類變化多端。雄魚＆雌魚的外形及顏色完全不同，特別是顏色鮮艷且擁有一對長魚鰭的雄魚，更是散發出華麗的印象。飼養在生態瓶中時，建議把水草剪短，作出能讓牠自由悠游的空間。冬季期間需要保溫。

───── Column ─────

**請不要將魚＆貝類等
生物放生到野外！**

一旦在生態瓶中飼養魚＆貝類，放生在河川及湖泊等地方是大忌！這是飼養生物最基本的守則。因為人工飼養的生物與野生生物混雜後，很可能會破壞生態平衡。請記住，即使是區區一條小魚，也會引發極大的影響，甚至導致社會問題。

一旦飼養生物，就請擔當起責任，有始有終地照顧牠。如果出現貝類大量繁殖等困擾，可以轉送給坊間水族店來處理。

青鱂

Oryzias latipes

●原產地　日本、亞洲

是日本自古以來就很熟悉的小型魚。雖然可以飼養在生態瓶中，但青鱂的身體不像白雲山那般柔軟，建議使用寬度較長的容器，將洄游的空間拓寬。

雪白鱂

Oryzias latipes var.

●原產地　改良品種

是青鱂魚的改良品種，特徵為雪白的身體。輕盈悠游的姿態顯眼又可愛，很適合飼養在生態瓶中。習性與青鱂魚近乎相同，請採用與青鱂魚相同的容器飼養。欲養兩條以上時，請避免與其他品種的魚類混養。

紅鱂

Oryzias latipes var.

●原產地　改良品種

青鱂魚的改良品種，特徵為身軀略小又偏黃色。是青鱂中最容易適應環境變化且容易飼養的品種，習性同於其他青鱂，需要寬敞的悠游空間。請避免與其他魚類混養。

米老鼠

Xiphophorus maculatus var.

●原產地　改良品種

是熱帶魚中很受歡迎的一種滿魚（Platy）。尾鰭銜接處帶有米老鼠的花紋，因此被取名為米老鼠。個性溫馴，以略大的容器飼養時，可與其他魚類混養。

豹點斑馬

Danio frankei

●原產地　不明

與先前提過的「斑馬」相同，屬於丹尼魚（Danio）的同伴。特徵為金色身軀上帶有黑色斑點。在成長的過程中，身體會散發出金色光輝。習性與斑馬相同，非常活潑，是強健好養的魚。

長鰭豹點斑馬

Danio sp.

●原產地　改良品種

是「豹點斑馬」的改良品種，特徵為長魚鰭。強健好養，在生態瓶中拖曳著美麗長魚鰭的模樣相當美麗。若要混養，建議選擇習性相同的斑馬。

川蜷

Semisulcospira libertina

●原產地　東亞

棲息在淡水水域的卷螺，自古以來就生活在日本的小河川等地。以川蜷為首，會雌雄同體且自行繁殖的貝類，統稱為蝸牛。

Column

貝類是生態瓶的「清潔小幫手」

原以為牠們老老實實地待在原地不動，卻時而慢吞吞地移動，或緊貼在容器側面，真是百看不厭！其實貝類不僅是可愛，還會擔任生態瓶清道夫的工作。在生態瓶中飼養生物，難免會出現苔蘚；若將貝類放入生態瓶中，牠就會吃掉苔蘚，讓瓶內維持乾淨的狀態。

飼養貝類的難處在於牠們會不斷繁殖。一旦貝類的數量過多，就會在小魚缸內囤積排泄物，甚至會襲擊水草；為避免瓶內充斥過多的貝類，當數量超過5隻以上時就要拿出來喔！

在水中游來游去的川蜷，獨特的動作很有觀賞價值。

豆石蜑螺

Clithon faba

●原產地　東南亞

棲息在汽水域（海水＆淡水混雜的水域）的一種卷螺。擁有五顏六色及各式各樣的圖案，造型變化多端。由於形狀貌似洋蔥，因此別名為Red Onion。

扁蜷

Planorbidae

●原產地　東南亞

亦被稱作「印度扁卷螺」的一種卷螺。放入生態瓶後，就會吃掉生長在玻璃表面與石頭上的苔蘚＆魚飼料的殘渣。貝殼可生長到約1cm左右，由於會不斷繁殖，當數量過多時就要拿掉。

印度扁卷螺

Indoplanorbis exustus

●原產地　改良品種

是「羊角螺（Ramshorn）」的白化種，特徵為鮮紅色的貝殼。但在羊角螺當中，還有粉紅色、藍色等各式各樣的種類，有時也會繁殖出不同的顏色。與其他貝類同樣是以苔蘚為生。

蜜蜂蝦
Caridina sp.
●原產地　東南亞

特徵是黑白條紋的小型蝦。蝦＆貝類同樣會將生態瓶中的苔蘚吃得一乾二淨，但由於蝦子對環境的變化較為敏感，建議在生態瓶製作完成1個月後再放入。

紅蜜蜂蝦
Neocaridina sp.
●原產地　改良品種

是「蜜蜂蝦」的改良品種。以鮮豔討喜的紅白花紋風靡大眾。花紋樣式繁多，除了一般的條紋以外，也有的被稱作「紅太陽」或是「摩斯拉（Mothra）」的花樣。不耐高水溫，所以夏天必須做好防暑對策。

黃金米蝦
Neocaridina sp.
●原產地　改良品種

是「南沼蝦」的改良品種，特徵為黃色的身軀。在生態瓶中的泳姿很可愛，很有治癒效果。與其他的蝦類相同，不耐環境的變化，因此要特別留意。夏天必須做好防暑對策。

極火蝦
Neocaridina denticulate sinensis var.
●原產地　台灣

深紅色的顯眼小型蝦，屬於沼蝦，是蝦類之中較強健好養的品種。放入生態瓶後，在紅色身軀的加持下顯得更加美麗。唯獨不耐高水溫，夏季炎熱時節需要特別留意。

南沼蝦
Neocardina denticulata
●原產地　日本、東亞

棲息於日本等地的一種小型沼蝦。身體很強健，很適合養在生態瓶中。愛吃像絲線般冒出來的細苔蘚。由於不耐高水溫，夏天需特別留意且要勤於換水。

大和沼蝦
Caridina multidentata
●原產地　日本、台灣等地

原始棲息於淡水河川等地的沼蝦代表性品種。連細微的苔蘚也會吃得一乾二淨。屬於需要稍大的活動空間的沼蝦，飼養時請準備約2ℓ的大容器。

■ **作者介紹**

水草作家　田畑哲夫（小哲老師）

日本唯一的「水草作家」。自 23 歲於水草專賣店修
業以來，是擁有 20 年以上經歷的水草專家。2010 年
以和風水草創作作品「和心～櫻樂亭～」榮獲「水槽
Display Contest」總冠軍等，二度蟬聯日本第一。構
思生態瓶 11 年，目前除了經營店鋪、於全國巡迴舉
辦「出差生態瓶教室」之外，為了讓全國各地都能體
驗生態瓶的魅力，也不遺餘力地培訓生態瓶講師。著
作有《BOTTLIUM 手のひらサイズの小さな水槽》、
《BOTTLIUM2 ひとり暮らしの小さな小さな水族館》
（以上均為成山堂書店出版）。

官網：http://www.bottlium.jp/
※BOTTLIUM 是田畑哲夫的註冊商標。

■ **店鋪簡介**

BOTTLIUM 專賣店
「**水草作家小哲老師の美草恩惠**」

坐落於靜岡市清水區購物中心的 BOTTLIUM 專賣店
「BayDream 清水」。店內不僅陳列著小哲老師的眾多
作品，還有提供販售作品、客製化訂作及生態瓶製作
體驗等服務。

■ **生態瓶講師的介紹**

迅速設立生態瓶講師的認證制度。目前正在培訓能於
全國進行開班授課的講師。

■ **材料の郵購簡介**

「基本生態瓶の製作方法」&作品範例中，玻璃密封
罐生態瓶的各項材料，皆可透過郵購方式購買。彩砂、
水草，甚至小魚都有配套販售，適合初次挑戰製作生
態瓶的初心者。也可以上 YouTube 觀看水草作家小哲
老師親自講解的教學影片，快樂地動手製作簡單的生
態瓶。詳情請洽官網。

■ **Staff**

設計　佐野裕美子
照片　江村伸雄
造型　ダンノマリコ
編輯・製作　株式會社童夢

※ 此為編輯部製作的小魚缸。

自然綠生活 10
Green Life style

迷你水草造景×生態瓶の入門實例書
簡單打造在玻璃瓶罐中自然悠游の水中花園

作　　　者／田畑哲生
譯　　　者／姜柏如
發　行　人／詹慶和
總　編　輯／蔡麗玲
執　行　編　輯／陳姿伶
編　　　輯／蔡毓玲・劉蕙寧・黃璟安
　　　　　　白宜平・李佳穎
實　習　編　輯／沈薇庭
執　行　美　編／翟秀美
美　術　編　輯／陳麗娜・周盈汝
內　頁　排　版／造極
出　版　者／噴泉文化館
發　行　者／悅智文化事業有限公司
郵政劃撥帳號／19452608
戶　　　名／悅智文化事業有限公司
地　　　址／新北市板橋區板新路 206 號 3 樓
電　　　話／（02）8952-4078
傳　　　真／（02）8952-4084
網　　　址／www.elegantbooks.com.tw
電　子　信　箱／elegant.books@msa.hinet.net

2015 年 10 月初版一刷　定價 320 元

Boutique Mook No.1181
Watashi no Chiisana Aquarium Tedzukuri Chou Mini
Suizokukan
Copyright © 2014 Boutique-sha, Inc.
All rights reserved.
Original Japanese edition published in Japan by BOUTIQUE-
SHA.
Chinese (in complex character) translation rights arranged
with BOUTIQUE-SHA.
through KEIO CULTURAL ENTERPRISE CO., LTD.

經銷／高見文化行銷股份有限公司
地址／新北市樹林區佳園路二段 70-1 號
電話／0800-055-365 傳真／（02）2668-6220

國家圖書館出版品預行編目 (CIP) 資料

迷你水草造景 x 生態瓶の入門實例書：簡單打
造在玻璃瓶罐中自然悠游の水中花園 / 田畑哲
生著；姜柏如譯 . -- 初版 . -- 新北市：噴泉文化
館出版：悅智文化發行，2015.10
　面；　公分 . -- (自然綠生活；10)
ISBN 978-986-91872-9-9(平裝)

1. 水生植物 2. 養魚 3. 水景

　　　　435.49　　　　104018668

版權所有・翻印必究
未經同意，不得將本書之全部或部分內容使用刊載
本書如有缺頁，請寄回本公司更換

親植蔬果

親手打造
一家一菜園

天天吃得新鮮
安心 ‧ 又健康！

從陽台到餐桌の迷你菜園：
親手栽培‧美味&安心

BOUTIQUE-SHA ◎著
謝東奇／審定
平裝／104 頁／21×26cm
全彩／定價 300 元
噴泉文化◎出版